Sonderdruck aus

Politische Vierteljahresschrift

Zeitschrift der Deutschen Vereinigung
für Politische Wissenschaften

9. Jahrgang · 1968 · Heft 1

Karl Dietrich Bracher

Staatsbegriff und Demokratie in Deutschland

**Sonderdruck
der Hessischen Landeszentrale für politische Bildung**

Westdeutscher Verlag · Köln und Opladen

ISBN 978-3-663-01011-1   ISBN 978-3-663-02924-3 (eBook)
DOI 10.1007/978-3-663-02924-3

STAATSBEGRIFF UND DEMOKRATIE IN DEUTSCHLAND

Von *Karl Dietrich Bracher*

I.

Unter den Fragestellungen der Politischen Wissenschaft, die einer Verständigung über den Begriff des Politischen dienen und zugleich zur Klärung der Beziehungen zwischen den Sozialwissenschaften beitragen, kommt in Deutschland der Auseinandersetzung mit dem Verhältnis von Staat und Demokratie besondere Bedeutung zu. Die entscheidenden Wendepunkte unserer neueren Geschichte sind wesentlich dadurch bestimmt, daß in der »herrschenden Lehre« und politischen Meinung Staatsbegriff und Demokratieverständnis auseinanderfallen und entweder in Konfrontation oder doch in ein scharfes Unterordnungsverhältnis zueinander treten. Nur einmal, nach der Wende von 1945, geschah diese Unterordnung nicht eindeutig zugunsten des Staats- und auf Kosten des Demokratiebegriffs. Die Entscheidungen von 1848 und 1866–1871, aber auch die Begründung der »halben Demokratie« von 1918, vollends die Einigungsproklamationen von 1914 und 1933 stehen im Zeichen der Vorstellung vom Vorrang staatlicher Ordnung und Effizienz vor den individuellen und gesellschaftlichen Ansprüchen und Kräften. Und selbst für die Zeit nach 1945 gilt die Frage, ob nicht die Auffassung vom Primat des Staates vor Demokratie trotz einer vielbemühten Revision des Geschichtsbilds noch immer weithin die Einschätzung bestimmt, ja von Jahr zu Jahr wieder steigenden Kurswert erhält. Der Ruf nach mehr Staatsbewußtsein, das Vordringen einer staatsbezogenen Terminologie in der politischen Rhetorik wie im institutionellen Ausbau der Bundesrepublik, die Auseinandersetzung um die Notstandsgesetzgebung, um das Verhältnis von Staatsschutz und Freiheitsrechten: all dies indiziert eine Fortdauer der alten Problematik auch unter den neuen Verhältnissen der zweiten deutschen Demokratie. Es wirft zugleich die Frage nach der Substanz der Neuordnung von 1945–1949 auf und rührt damit auch an die Grundlagen der deutschen Politischen Wissenschaft. Ging nicht ihre Wiederbegründung in Westdeutschland ganz wesentlich mit der kritischen Überprüfung und Neugestaltung des Verhältnisses von Staats- und Demokratieverständnis einher?

Vor fast 20 Jahren wurde der Neuanfang der Politischen Wissenschaft unter so allgemeine und neutrale Formeln gestellt wie: Politik ist Gestaltung des öffentlichen Lebens [1]. Das konnte freilich nicht mehr genügen, sobald genauer nach den Strukturen und den Werten des politischen Systems gefragt wurde, dem die konkrete Betrachtung galt. Es folgte die Diskussion um die Frage, wieweit die empirische Analyse der Machtprozesse oder die normative Schau der Ordnung den Ansatz einer Wissenschaft von der Politik bestimmen müsse, wenn deren »eigentliches Problem das Verhältnis

---

[1] »Feststellungen der Arbeitstagung der Deutschen Hochschule für Politik«, in: *Alfred Weber* und *Eugen Kogon:* Die Wissenschaft im Rahmen der Politischen Bildung, Berlin 1950, S. 27.

von Freiheit und Macht, von Herrschaft und Freiheitsbeschränkung ist« [2]. Auch dieser
Streit, der uns allen gegenwärtig ist, war wohl zu theoretisch – abstrakt zugespitzt,
um die spezifische Lage und Aufgabe unserer Disziplin unter den Bedingungen zer-
brochener Traditionen und Ideologien voll fruchtbar zu machen.
Am deutlichsten wird die kontroverse Situation in der bewußt von der Staatslehre
abgehobenen Intention, die Politik wesentlich als Wissenschaft von der Demokratie
zu verstehen. Darin steckt die Einsicht in dem engen Zusammenhang, der zwischen dem
Aufstieg der neuzeitlichen Demokratie und der Ausbildung einer modernen Politikwissenschaft überhaupt besteht. Ganz offenbar hängt diese von Minimalbedingungen
politischer Freiheit und Mitbestimmung ab; kein Zufall, daß sie sich jetzt auch in den
osteuropäischen Ländern regt, kein Zufall auch in Deutschland ihr Niedergang seit der
zweiten Hälfte des 19. Jahrhunderts und ihre Emigration 1933, während die Staatsrechtslehre offenbar unter mancherlei Regimen florieren kann. Politische Wissenschaft
ist auch insofern nicht »wertfrei« [3]. Unzureichend allerdings wäre ihre Beschränkung
auf ein Modell oder eine Typologie der Demokratie, um damit kurzerhand das Staatsproblem loszuwerden; das Resultat solcher partiellen Demokratiewissenschaft wären
idealisierende, allzuleicht zur Systempropaganda verflachte politische Bildungsbemü-
hungen anstelle selbstkritischer Wissenschaft. Neben der Konfrontierung von demokratischen und nichtdemokratischen Systemen sind es ganz wesentlich die riesigen Bereiche des Übergangs, des politischen und sozialen Wandels, der Mischformen, in denen
die Probleme unserer Disziplin liegen. Entwicklungsländer der verschiedenen Typen,
sich wandelnde kommunistische Systeme, aber auch Strukturkrisen etablierter Parlamentsdemokratien gehören dazu. Wir haben überdies erfahren, welche wissenschaft-
lichen und zugleich politischen Gefahren in der rigorosen Konfrontierung des Modells
einer irreal-idealen Demokratie mit der politischen Realität liegen, und wie leicht
dies auch zu prinzipiell antidemokratischer Kritik mißbraucht werden kann.
Aber man braucht nicht so weit auszugreifen, um zu erkennen, daß die Formel von
der Demokratiewissenschaft nur die eine Seite des Gegenstandes bezeichnet, mit der es
politische Forschung zu tun hat. Die andere Seite entzieht sich einer ebenso deutlichen
Bestimmung. Hier geht es um jenen Bereich der besonderen historisch-sozialen Struk-
turelemente politischer Systeme, in dem auch die Hauptschwierigkeiten der kompara-
tiven Forschung, des Vergleichs politischer Kulturen und Systeme liegen. Auch so
wichtige Versuche wie das bedeutende Werk von *Gabriel Almond* und *Sidney Verba* [4]
leiden unter dieser Schwierigkeit. Der konsequent demokratiewissenschaftliche Ansatz

[2] *A. R. L. Gurland:* »Politische Wirklichkeit und Politische Wissenschaft«, in: Faktoren der
Machtbildung, Berlin 1952, S. 36. Versuch einer Vermittlung bei *O. H. v. d. Gablentz:* »Macht,
Gestaltung und Recht – Die drei Wurzeln politischen Denkens«, ebda., S. 139 ff. Die Position
der »Ordnungs«-Richtung vertreten besonders ausgeprägt verschiedene Beiträge in: *Dieter
Oberndörfer* (Hrsg.): Wissenschaftliche Politik, Freiburg/Br. 1962.
[3] Vgl. *K. D. Bracher:* »Wissenschafts- und zeitgeschichtliche Probleme der Politischen Wissenschaft in Deutschland«, in: Kölner Zeitschrift für Soziologie und Sozialpsychologie 17 (1965),
S. 448 ff.; *Giovanni Sartori:* »Der Begriff der ›Wertfreiheit‹ in der Politischen Wissenschaft«,
in: PVS 1 (1960), S. 12 ff. Zum Wertproblem überhaupt grundlegend *Arnold Brecht:* Politische
Theorie, Tübingen 1961, S. 404 ff. usw.
[4] The Civic Culture, Political Attitudes and Democracy in Five Nations, Princeton 1963.

ist heuristisch zutreffend unter den Verhältnissen der englisch-amerikanischen Tradition, in der Demokratie als Lebensform gefaßt ist. Aber schon in der Anwendung auf italienische oder deutsche Verhaltensformen führt dies zur Verengung der Problemstellung, unter der die politische Kultur einer »verspäteten Nation« zu sehen ist [5]; um wieviel mehr müßte dies für eine vergleichende Analyse der Entwicklungsländer gelten. In der Tat besteht die eigentliche Problematik vergleichender Systemforschung in der Berücksichtigung jener spezifischen Bedingungen, die nur eine genaue historische und soziologische Analyse der Voraussetzungen und »Vorbelastungen« der Demokratie [6] in den verschiedenen Ländern und Systemen ermitteln kann.

Es würde zu weit führen, bei dieser Gelegenheit einen Versuch zur Klassifizierung und Bezeichnung der nichtdemokratischen Komponenten verschiedener politischer Systeme zu unternehmen. Gerade im Hinblick auf die Notwendigkeit vergleichender Forschung leuchtet der Wert einzelner Systemanalysen ein; freilich nur, sofern sie nicht sich selbst genügend der Selbsttäuschung des Historismus folgen und nur in sich und aus sich selbst in isolierender Betrachtung letztlich Apologie des jeweiligen Systems leisten, so wie dies über hundert Jahre in Deutschland allzu viele Historiker, Staatsrechtler, Philosophen getan haben. Hauptinhalt und wichtigster Orientierungspunkt dieser isolierten Selbstbetrachtung, die ihre Höhepunkte in den deutschen Sonderideologien des ersten Weltkrieges und dann des Nationalsozialismus gefunden haben, war die Ausbildung eines besonderen Staatsbegriffs. Geschichte und gegenwärtiger Stand der Politikwissenschaft in Deutschland sind nicht zu denken ohne die Prägung der älteren Staatslehre und ihre Konfrontation mit westlicher Tradition [7]. Sowenig mithin der vermeintliche Vorwurf unserer Kritiker, Politische Wissenschaft sei bloß ein amerikanischer Import, zutrifft, so gewiß enthält die Frage nach der Relation von Staatsbegriff und Demokratie einen Schlüssel zum Verständnis speziell der deutschen Entwicklung: der Politik wie der Politischen Wissenschaft. Ist es nicht bezeichnend, daß dieselbe Frage auf englische, amerikanische, selbst französische Verhältnisse bezogen keinen vergleichbaren Erkenntniswert besitzt, weil dort die Vorstellung vom Staat als souverän ordnender Einheit *jenseits* der gesellschaftlichen und politischen Gruppen nicht vorhanden oder durch erfolgreiche Revolutionen abgebaut worden war.

II.

Es ist bekannt, in welchem Maße die Entfaltung des deutschen Staatsgedankens am Beginn des 19. Jahrhunderts sich im Zeichen der Auseinandersetzung um die Bedeutung und die Folgen der Französischen Revolution vollzog. Die älteren Traditionen der

---

[5] Vgl. *Helmuth Plessner:* Die verspätete Nation, Stuttgart 1959.
[6] Grundlegend *Ernst Fraenkel:* Deutschland und die westlichen Demokratien, Stuttgart 1964, S. 11 ff.
[7] Dazu besonders die Arbeiten von *Hans Maier:* Die ältere deutsche Staats- und Verwaltungslehre, Neuwied 1966; Ältere deutsche Staatslehre und westliche politische Tradition, Tübingen 1966.

Reichsidee und des aufgeklärt-absolutistischen Territorialstaats standen der revolutionären Kraft einer modernisierenden und demokratisierenden Bewegung gegenüber. Unter dem Eindruck der Entartungen der Revolution und des napoleonischen Imperialismus, die zugleich die erste Ausformung eines deutschen Nationalismus beschleunigten, bildete sich jene Konfrontierung von westlicher Demokratie und deutschem Staat heraus, die für die Entwicklung eines deutschen Sonderbewußtseins von so großer, schließlich so verhängnisvoller Bedeutung wurde [8].

Gewiß hat sich dies letztlich erst mit dem Scheitern des zweiten Anlaufs der Verfassungsbewegung nach 1848 entschieden. Aber eben dies Scheitern war mehr als eine Konsequenz unglücklicher Zufälle; dahinter stand die Ambivalenz des deutschen Liberalismus, der sich eingeklemmt fand zwischen unerfülltem Nationalstaatsverlangen und obrigkeitsstaatlichen Herrschaftsstrukturen. *Leonard Kriegers* zu wenig bekanntes Buch *"The German Idea of Freedom"* (1957) hat in scharfsinniger Analyse gezeigt, wie die deutsche Idee der Freiheit auch bei der Mehrheit der Liberalen früh und zunehmend belastet war von der Anschauung des Staates als einer übergesellschaftlichen Ordnungsmacht, die Einheit und Funktionsfähigkeit, Macht und Schutz zugleich verbürgte und jenseits der Parteiungen stand. Diese Staatsauffassung, die ursprünglich den Raum bürgerlicher Freiheit in der Gesellschaft sichern wollte, doch letztlich den abwehrenden, konservativen Kräften entgegenkam, beherrschte seit der Romantik und im Anschluß an einen überstrapazierten *Hegel* zunehmend das juristische und politische Denken des Bürgertums.

Gewiß muß ein Verständnis des deutschen Staatsproblems davon ausgehen, daß Deutschland nicht gleichzeitig mit den westlichen Mächten eine zentral regierte, historischnational begründete Staatlichkeit gefunden hat. Im Unterschied zu Frankreich hatte sich in einigen deutschen Teilstaaten des 18. Jahrhunderts eine gemäßigte Form des aufgeklärten Absolutismus entwickelt, der einen organischen Übergang zum modernen Staat ohne revolutionären Bruch zu ermöglichen schien. Ob es freilich zutrifft, daß Deutschlands aufgeklärte Fürsten »die westlichen Errungenschaften schon im 18. Jahrhundert vorweggenommen hatten« [9], bliebe noch genauer zu prüfen. Die Kehrseite war jedenfalls, daß absolutistische Staatslehre und Rechtsstaatslehre »zusammenwuchsen«: darin »lag die Stärke unseres Absolutismus und die Schwäche unserer Rechtsstaatslehre« [10]. Sie blieb weit entfernt von dem englischen *rule of law*, das »auf der

---

[8] Vgl. zum älteren Staatsbegriff *A. O. Meyer:* »Zur Geschichte des Wortes Staat«, in: Die Welt als Geschichte, 10 (1950), S. 229 ff.; jetzt sehr detailliert *Paul L. Weinacht:* Staat, Studien zur Bedeutungsgeschichte des Wortes von den Anfängen bis ins 19. Jahrhundert, Diss. München 1967. Zur allgemeinen Problematik *Horst Ehmke:* »›Staat‹ und ›Gesellschaft‹ als verfassungstheoretisches Problem«, in: Staatsverfassung und Kirchenordnung, Festgabe für *R. Smend,* Tübingen 1962, S. 23 ff.
[9] So *Hans Maier:* »Probleme einer demokratischen Tradition in Deutschland«, in: Geschichte in Wissenschaft und Unterricht 18 (1967), S. 403. Vgl. schon *Rudolf Stadelmann:* Deutschland und Westeuropa, Laupheim 1948, S. 11 ff.; *Heinrich Heffter:* Die deutsche Selbstverwaltung im 19. Jahrh., Stuttgart 1950, S. 63 ff.
[10] *H. Ehmke,* a.a.O., S. 33.

Kernvorstellung der unauflöslichen Verbindung von individueller und politischer Freiheit beruht« [11].

Es wäre mithin allzu bequem, die antiwestliche, schließlich antidemokratische Fehlentwicklung kurzerhand auf das Schuldkonto *Napoleons* zu schieben. Die französische Besetzung hatte zugleich einen modernisierenden Einfluß auf Reformer und Liberale, zumal im Westen und Süden Deutschlands. Und in den Niederlanden hat sich z. B. unter ähnlichen Bedingungen die Demokratisierung im weiteren durchgesetzt. In Deutschland besiegelte das Bündnis des Nationalismus mit Preußen jene Sonderentwicklung, die *von der Gablentz* auf die scharfe Formel gebracht hat: »Wir haben uns um die Aufklärung gedrückt.« [12]

Die hier angedeuteten Probleme wurden noch kompliziert durch den historischen Unterschied zwischen kontinentalen und angelsächsischen Formen der Demokratisierung. Während sie in England und Amerika als »Adaption des Staates durch das Volk« geschah, war Demokratisierung auf dem Kontinent »Integration des sich selbst bestimmenden Volkes in den Staat« [13], der freilich in Deutschland, anders als in Frankreich, damals nur als Idee existierte. Nach dem Scheitern von 1848 setzte sich auch in der starken liberalen Bewegung zunehmend der Primat eines außenpolitisch bestimmten Freiheits- und Einheitsideals vor dem innenpolitisch bestimmten Freiheits- und Verfassungsideal durch. Mit diesem Primat der äußeren Einheit vor der inneren Freiheit unterwarf sich die konstitutionelle und liberal-demokratische Reformbewegung den reaktionären Gewalten der Höfe, des Militärs und der Bürokratie; *Bismarck* und Preußen – Hauptstützen und Symbole dieser Reaktion der alten Ordnungsmächte – vermochten den ersehnten deutschen Nationalstaat in einer Revolution von oben zu erzwingen [14]. Es war eine preußische, autoritäre Ersatzlösung für den liberal-demokratischen Nationalstaat, den man vor 1848 erstrebt hatte. Aber er erfüllte den ersten Wunsch der Einheitsbewegung und konnte deshalb zugleich auch die bürgerlich-liberale Emanzipationsbewegung in die Struktur eines scheinkonstitutionellen, halbabsoluten Feudal-, Militär- und Beamtenstaates absorbieren. Das deutsche Bürgertum gewöhnte sich unter dem Eindruck der Bismarckschen Erfolge an eine zynische Auffassung von »Realpolitik«, nach der es in der Politik allein auf die Macht und nicht auf Recht und Moral ankomme. Es dominierten von nun an jene autoritären Ordnungs- und Prestigevorstellungen, die *Thomas Mann* einmal auf die ironische Formel gebracht

[11] *Konrad Hesse:* »Der Rechtsstaat im Verfassungssystem des Grundgesetzes«, in: Staatsverfassung und Kirchenordnung, a.a.O., S. 71; vgl. schon *Franz Neumann:* "The Concept of Political Freedom", in: Columbia Law Review 1953, S. 901 ff.

[12] *O. H. v. d. Gablentz:* Die versäumte Reform, Köln–Opladen 1960, S. 9; vgl. auch die zusammenfassende Diskussion bei *Ernst Maste:* »Die Unterscheidung von Staat und Gesellschaft und ihre Beziehung zum Staatsbegriff«, in: Beilage zu ›Das Parlament‹ vom 26. 1. 1966.

[13] *Hans Ulrich Scupin:* »Über den Wandel der Wesensbestimmung der Demokratie in Deutschland während des letzten Jahrhunderts«, in: Festschrift für *Herbert Kraus*, Würzburg 1964, S. 323.

[14] Über ihren bürokratisch-militärischen Charakter besonders *Wolfgang Sauer:* »Das Problem des deutschen Nationalstaates«, in: PVS 3 (1962), S. 166 ff.

hat: »General Dr. von Staat«. Machtkult und Untertanengeist waren die Pole dieser Haltung [15].

So war das Bismarckreich von Anfang an durch schwere Spannungen und Struktur-fehler belastet, die von dem Glanz der Gründerzeit nur oberflächlich verdeckt wurden. Sie behinderten die Entfaltung eines funktionsfähigen parlamentarischen Systems und verantwortungsfreudiger Parteien. Sie blockierten die Mitwirkung der wachsenden Arbeitermassen und ihrer sozialdemokratischen und gewerkschaftlichen Organisatio-nen. Es bestand eine tiefe Diskrepanz zwischen gesellschaftlicher Struktur und einer politischen Ordnung, welche die mit der industriellen Revolution geänderte soziale Situation unzureichend berücksichtigte. Insbesondere nach dem Sturz *Bismarcks* wuchs die Neigung, dies Problem durch eine Ablenkung des Interesseneindrucks nach außen (im Sinne eines Sozialimperialismus) zu neutralisieren. Auch außenpolitisch verstand sich das neue deutsche Einheitsreich als »verspätete Nation«. Konservative und Liberale trafen sich in der Überzeugung, Deutschland müsse möglichst rasch den nationalen und imperialen Vorsprung der Weltmächte aufholen; es habe einen natürlichen An-spruch, als Großmacht die Hegemonie über Mitteleuropa zu erringen und sich an der kolonial- und wirtschaftspolitischen Durchdringung und Verteilung der Welt zu beteiligen.

So stand einer gewaltigen materiellen Entfaltung, die zu weitgespannten nationalen und imperialen Forderungen führte, ein ebenso unbewegliches wie rückständiges poli-tisches Regime gegenüber, am rückständigsten in Preußen selbst, das die weitaus domi-nierende Stellung besaß. Die Monarchie blieb an historische Lebensformen gebunden, die den modernen politischen und sozialen Kräften nicht mehr entsprachen. Sie befand sich im Widerspruch mit der Tendenz der Epoche, die zu fortschreitender Demokrati-sierung aller Lebensbereiche drängte. Gewiß gab es scharfsichtige Kritiker nicht nur im Lager der Linken, die auf die verhängnisvollen Diskrepanzen hingewiesen und wenigstens die Anpassung des Bismarcksystems an die gewandelten Verhältnisse for-derten: so in *Friedrich Naumanns* Idee eines demokratischen Kaisertums. Aber es war eine Illusion, zu glauben, mit kleinen Modifikationen könne das Reich von 1871 die Probleme eines modernen Großstaates bewältigen und noch die Führung in »Mittel-europa« übernehmen. Insofern hat auch der Reichstag versagt, wenn er nicht dringend genug Reform und Parlamentarisierung forderte. Die mächtig anwachsende Sozial-demokratie blieb für den Kaiser, wie schon für *Bismarck*, eine Bewegung der »Reichs-feinde« und »vaterlandslosen Gesellen«. Aber auch den Liberalen, Trägern des wirt-schaftlichen Aufstiegs, war die volle politische Mitwirkung an der Spitze versagt.

Das Deutschland *Wilhelms II.* war in seiner Kraft wie in seiner Hilflosigkeit vor allem getragen von der Mentalität des deutschen Bürgertums. Nicht eine bewußt aggressive Außenpolitik bestimmte sein Denken, sondern die Bewunderung des Erfolgs. Der Traum, geadelt oder wenigstens Reserveoffizier zu werden, trug dazu bei, die politi-schen Vorstellungen des Bürgertums im Sinne eines »autokratischen Konstitutionalis-mus« [16] zu formen und den liberalen Emanzipationsbestrebungen die politische Spitze

---

[15] Vgl. *K. D. Bracher:* Deutschland zwischen Demokratie und Diktatur, Bern–München 1964, S. 153 ff.

[16] So *Helmut Ridder:* Art. »Staat«, in: Staatslexikon Bd. VII, Freiburg/Br. 1962, Sp. 542.

abzubrechen. Man fürchtete und perhorreszierte den egalitären Demokratiebegriff des Sozialismus, ob er nun mit *Lassalle* prostaatlich-evolutionär, mit *Marx* antistaatlich-revolutionär die Herrschaft der Mehrheit durchzusetzen suchte. In ihm erblickte man den Feind, nicht den potentiell Verbündeten [17], und beteiligte sich an seiner Unterdrückung. Das Bürgertum, in der Sekurität und Privilegienstruktur des Zweiten Reiches auf Gewinnstreben und Schutz der ökonomisch-sozialen Position ausgerichtet, gewöhnte sich daran, Politik als Verwaltung hinzunehmen, gute Verwaltung als die beste Innenpolitik zu betrachten.

Vor diesem Hintergrund stehen die Manifeste des ersten Weltkriegs, die vielzitierten Ideen von 1914, von der Augustproklamation mit dem bezeichnenden Tenor: »Ich kenne keine Parteien mehr ...« bis zu den antiwestlichen Kampfansagen der Publizisten und Professoren, in denen die Entgegensetzung von deutschem Staat und westlicher Demokratie ihren Höhepunkt fand [18]. *Thomas Manns* »Betrachtungen eines Unpolitischen« drücken plastisch aus, daß dieser Staatsbegriff im tiefsten Grunde unpolitisch war, so wie die Idee der Überparteilichkeit eine unpolitische Verkennung des Wesens und der Funktion des Staates bedeutete, sofern sie nicht einfach ideologische Verkleidung war [19].

Unverkennbar ist die enge Verknüpfung mit der Entwicklung des deutschen Nationalgedankens, der sich ursprünglich in enger Verbindung mit liberalen und demokratischen Emanzipationsbewegungen entfaltet hatte, dann aber besonders entschieden in die antiwestliche Staatsideologie einmündete, in deren Zeichen der (freilich kleindeutsche) Nationalstaat begründet wurde. So kam es zu einem deutschen Sonderbegriff der Nation, der schließlich antidemokratisch zugespitzt und zugleich tief unpolitisch begründet wurde. Es war die Idee der vorstaatlichen, ethnisch bestimmten Nation, an die man nach Abstammung und Sprache unlöslich gebunden war, ob man nun wollte oder nicht. Nicht die freie Entscheidung des Bürgers und Menschen, zu dem nach dem Wort *Max Schelers* das »Nein-sagen-Können« gehört [20], sondern eine überindividuelle Macht konstituierte die Nation. Sie war bei *Fichte, Arndt* und *Jahn* als eine Zukunftsforderung, ein Wunschtraum entworfen, und sie konnte sich nur zu leicht im bodenlosen Raum eines transpolitischen Irrationalismus oder auf den metaphysischen Höhen einer Pseudoreligion ansiedeln.

Nation war nicht wie in Frankreich, England, Amerika auf die gesellschafts- und verfassungspolitische Emanzipation, auf konkrete Demokratisierung bezogen und durch eine erfolgreiche Revolution innenpolitisch mündig geworden. Zum deutschen Kriterium wurde die Verschiedenheit zwischen den Nationen, nicht Freiheit und Selbstbestimmung innerhalb der Nationen. So ging die Trennung des deutschen Staatsbegriffs vom Westen einher mit einer wachsenden Entfremdung zwischen Nationalis-

---

[17] Vgl. *Susanne Miller:* Das Problem der Freiheit im Sozialismus, Frankfurt a. M. 1964, S. 80 ff.
[18] Dazu jetzt vor allem *Hermann Lübbe:* Politische Philosophie in Deutschland, Studien zu ihrer Geschichte, Basel–Stuttgart 1963, S. 173 ff.
[19] Vgl. kritisch *Wolfgang Abendroth:* »Das Unpolitische als Wesensmerkmal der deutschen Universität«, in: Nationalsozialismus und die deutsche Universität, Berlin 1966, S. 194 ff.
[20] *Max Scheler:* Die Stellung des Menschen im Kosmos, München 1947, S. 51.

mus und Demokratie im deutschen Bewußtsein. Im Zeichen der Fortdauer obrigkeits-
staatlicher Denk- und Verhaltensweisen nimmt der Versuch, eine »verspätete Nation«
zur vollen Identität von Volk und Staat zu führen, krampfhafte Züge an. Dies um so
mehr, je weniger die politische Realität dem Axiom entsprach. Die Geschichte deutschen
Staatsdenkens im 19. und 20. Jahrhundert ist bedrängt und verzerrt von den Anstrengungen und Entartungen, die dies krampfhafte Streben nach Identität von staat-
lich-politischer und national-ethnischer Struktur, nach angeblich »natürlicher« Gemein-
schaft, schließlich »Volksgemeinschaft«, dem Staatsbewußtsein auferlegt und einge-
pflanzt hat [21].
Hier nun traten die schweren Diskrepanzen hervor, die schließlich den gemeinsamen
freiheitlichen Ansatzpunkt der demokratischen und der nationalen Emanzipationsbewegung verschütteten: die Diskrepanz zwischen dem innenpolitischen Struktur-
prinzip der Demokratie und der außenpolitischen Orientierung des Nationalprinzips,
zwischen innen- und außenpolitisch orientiertem Freiheitsbegriff, zwischen staats-
bürgerlichen Rechten und den machtpolitischen Ansprüchen des Nationalstaats. Der
tiefe Konflikt, der hier angelegt war, ist bis 1918 auf Kosten der Demokratie ver-
drängt und beschwichtigt worden. Der Gedanke demokratisch-liberal gestalteter Staats-
ordnungen trug einen menschheitlichen, übernationalen Charakter, während der Nationalismus letztlich auf Entgegensetzung und Kampf angelegt war, sobald die Nation
zum höchsten Wert erklärt wurde. Indem das neuerweckte politische Bewußtsein primär
auf die Durchsetzung national-machtstaatlicher Ziele ausgerichtet, die innere Freiheit
und Selbstgestaltung dem äußeren Freiheitsbegriff untergeordnet wurde, war der
Nationalismus Instrument einer Ersatz- und Abwehrideologie im Dienste der bestehenden Machtverhältnisse, die von der politischen Konkretion der Interessen in eine
unpolitische Volksmetaphysik ablenkte. Eine deutsche Ideologie im Dienste der Reaktion und des Obrigkeitsstaats konnte die demokratisierenden Impulse des nationalen
Gedankens abwehren und ablenken und ihn sogar für den Kampf gegen die Demokratie in Anspruch nehmen. In den geistes- und philosophiegeschichtlichen Arbeiten von
Hans Kohn, Helmut Plessner und *Hermann Lübbe* ist gezeigt worden, »wie nachein-
ander und mit sich verschärfender Konsequenz die Integration des politischen Liberalismus, des Idealismus sozialer Gerechtigkeit und des technokratischen Denkens positiv-
wissenschaftlicher Herkunft in die politisch tragende geistige Substanz des deutschen
19. Jahrhunderts mißlang« [22], und welchen Schwierigkeiten die »innere Verbindung
zwischen den Mächten der Aufklärung und der Formung des Nationalstaats in Deutsch-

[21] Zur Problematik des Nationsbegriffs sei hier gegenüber dem traditional-apologetischen
Ansatz in den Forschungen von *Eugen Lemberg* besonders auf die kritischen, den politisch-
demokratischen Ansatz untersuchenden Arbeiten hingewiesen: *Hans Kohn:* Die Idee des Nationalismus, Frankfurt a. M. 1950 (auch Beilage zu: Das Parlament, 14. 2. 1962); *Walter Sulzbach:*
Imperialismus und Nationalbewußtsein, Frankfurt a. M. 1959; *Manfred Hättich:* Nationalbewußtsein und Staatsbewußtsein in der pluralistischen Gesellschaft, Mainz 1966; *Hannah
Vogt:* Nationalismus gestern und heute, Opladen 1967; *Carlton Heyes:* The Historical Evolu-
tion of Modern Nationalism, New York 1959; *Elie Kedurie:* Nationalism, London 1961;
Christian Graf v. Krockow: »Nationalbewußtsein und Gesellschaftsbewußtsein«, in: PVS 3
(1962), S. 141 ff.
[22] *H. Lübbe,* a.a.O., S. 25.

land« begegnete [23]. Nach der soziologischen Seite hat kürzlich *M. Rainer Lepsius* das Problem auf die Formel gebracht: Es kommt »zu einer allgemeinen Stabilisierung des politischen Systems, ohne daß die Demokratisierung weitere Fortschritte macht ... Die Symbole des Kaiserreichs sind daher auch innenpolitisch leer«, wie die Schlacht von Sedan als populärer Nationalfeiertag. »So ist es schließlich fast konsequent«, schließt Lepsius, »daß gerade der demokratisch orientierte Teil des deutschen Parteiensystems vor seinem Zusammenbruch Hindenburg zu seinem Repräsentanten erhob, das Symbol einer nationalen Identifikation ohne demokratischen Gestaltungswillen« [24].

Der historische Rückblick auf die deutsche Problematik vergegenwärtigt die Erfahrung von der Ambivalenz des nationalen Gedankens im Verhältnis zu Demokratie und Staatsbegriff. Die Ausbildung des Nationalbewußtseins hat zum Aufstieg demokratischer Bewegungen beigetragen, sie hat aber auch zur unpolitischen Stützung und Überhöhung autoritärer Regime, zur Entpolitisierung und Ablenkung der Freiheits- und Demokratisierungsansprüche der Massen auf ideologische und imperial-machtpolitische Ziele geführt. Diese Kehrseite ist auch im Westen hervorgetreten: im Frankreich des ersten und dritten *Napoleon,* im England des Kolonialimperialismus, im Amerika des *"manifest destiny":* die Ausbildung eines spezifischen Sendungsbewußtseins stand in der steten Gefahr der nationalistischen Verengung [25]. Aber indem sie auf die Durchsetzung der Demokratie und ihrer universalen Werte Toleranz und Freiheit, Gleichheit und Mitbestimmung orientiert war, hat die westliche Ausprägung des Nationalismus den menschheitlichen Charakter nie ganz verloren.

Anders in Mittel- und Osteuropa. Dort hat die Idee des »eigenständigen Volkes« [26] den Zerfall übernationaler Gebilde beschleunigt, zugleich aber auch zu den fast unlösbaren Problemen der Grenzziehung und Koexistenz geführt. Eine nationalstaatliche Abgrenzung der jahrhundertelang beherrschten Völker, die erst ihre Identität finden mußten, hing von sehr verschiedenen Kriterien ab. Wenn man sich auf die natürlichen Grundlagen der Nationsbildung berief und den Zusammenschluß, zugleich die Abgrenzung gegen die anderen, die Fremden, forderte, dann kamen je sehr verschiedene, alles andere als wissenschaftlich fundierte Maßstäbe in Frage, wie sie die jeweilige Volkstumstheorie proklamierte. Sprache, Kultur, Gesellschaft- und Wirtschaftsformen, Religion, geschichtliche und dynastische Reminiszenzen, historische oder ›natürliche‹ Grenzbestimmung: all dies waren kontroverse Kriterien, deren Widerstreit wesentlich zu den zwei Weltkriegen beigetragen hat.

Dabei ist der Begriff des Volkes über den der Gesellschaft gerückt worden, Nationalstaat und Nationalbewußtsein wurden völkisch begründet, ihre Dynamik zusätzlich aufgeladen mit den pseudowissenschaftlich drapierten Irrationalismen einer Blut- und Rassentheorie. In der letzten Steigerung dieser Theorie seit der zweiten Hälfte des

---

[23] *H. Plessner,* a.a.O., S. 13.

[24] *M. Rainer Lepsius:* »Parteiensystem und Sozialstruktur: Zum Problem der Demokratisierung der deutschen Gesellschaft«, in: Festschrift für *Friedrich Lütge,* Stuttgart 1966, S. 393.

[25] Vgl. *K. D. Bracher:* Deutschland, a.a.O., S. 324 (amerikanische »Demokratie als Säkularisierung des Sendungsglaubens«).

[26] Typisch dafür das ebenso reichhaltige wie einseitig völkisch-ideologische Buch von *Max Hildebert Böhm:* Das eigenständige Volk, Göttingen 1932, Neuaufl. (!) 1967.

19. Jahrhunderts war Zugehörigkeit zur Nation nicht die freie Entscheidung des Staatsbürgers, sondern die unlösliche Gebundenheit an das Volk als Blutsgemeinschaft, in die man geboren war, ob man wollte oder nicht. An die Stelle des politischen Bewußtseins, der rationalen und demokratischen Begründung der Nation traten die absolut gültigen Bande oder auch Fesseln der Abstammung. Akklamation statt Wahl, Diktatur statt Demokratie wurden zur Konsequenz solchen Denkens. Ein deterministischer, schließlich biologischer Zug trat hervor; Sozialdarwinismus und Antisemitismus lieferten die Argumente: Kampf ums Dasein, Recht des Stärkeren, Arterhaltung, Politik als Freund–Feind-Verhältnis. Daran änderte gar nichts, daß zumal die Deutschen alles andere als rassische Einheit und alle Voraussetzungen dieser Ideologie absurd waren: sie stand jenseits der Beweise und Widerlegungen.

Aber auch schon das Schlagwort vom Selbstbestimmungsrecht, ursprünglich und auch von *Wilson* noch im Sinne der demokratischen Theorie gemeint, entwickelte die verhängnisvolle Bedeutung, daß die Nation als letzter Wert politischen Handelns und Verhaltens volle Freiheit nach außen beanspruchen, nach innen aber größtmögliche Homogenität, Geschlossenheit besitzen müsse. Intoleranz, Unterdrückung der Minderheiten, nationale Verhetzung und Ressentiments waren die Folgen. Und vor allem: die Durchsetzung des Nationalinteresses erforderte den starken Staat, die Demokratie enthielt das Risiko der Schwäche.

So ist denn in den meisten neuen Nationalstaaten, die nach dem ersten Weltkrieg geschaffen wurden, die Demokratie rasch durch autoritäre Regime konservativ-nationalistischer Prägung, meist unter einem starken Mann oder Militär abgelöst worden: In den baltischen Staaten und in Polen, in Ungarn und anderen Balkanländern, in Italien und dann in Deutschland und Österreich wie in Spanien und Portugal. Die Konservativen hatten ihren Anschluß an den emotionalen Nationalismus der Massen gefunden, der sie zuvor als revolutionäre Kraft bedroht hatte: Aus der konservativen Partei wurde die ›Deutsch-Nationale Volkspartei‹. Die Mobilisierung des Nationalgedankens konnte zum Mittel des Kampfes gegen die demokratische Bewegung, zur Auflösung des Liberalismus und zur Unterdrückung des Sozialismus verkehrt werden. Fast überall ist die Verbindung von Nationalstaat und Demokratie in der Zeit zwischen den Weltkriegen gescheitert, sofern sie sich nicht auf ältere Staatsgebilde stützen konnte.

Ein deutscher Neo-Nationalismus heute droht unsere Demokratie erneut in den Sog dieser Tradition zu ziehen, in deren Namen Europa zerstört wurde. Das gilt auch für die sich mehrenden Versuche, durch Kompromisse und Idealkonkurrenz den Rechtsextremismus zu absorbieren – eine so illusionäre wie gefährliche Taktik: *historia docet*.

III.

Vor diesem Hintergrund ist die Frage nach dem Verhältnis von Staat und Demokratie von den meisten deutschenTheoretikern bis 1945 allenfalls im Sinne einer Unterordnung entschieden worden: Demokratie als Staatsform. Man berief sich entweder auf die antike Theorie der Staatsformen, wobei freilich oft unhistorisch moderner Staat mit *Polis* oder *res publica* einfach gleichgesetzt wurde [27]. Oder die Begründung war philosophisch, oft genug ideologisch. Noch kann man im ›Brockhaus‹ (wie ähnlich neuerdings bei *Herbert Krüger*) lesen, allen Staatstheorien liege die Vorstellung zugrunde, »daß der Staat kein bloßes Werkzeug, auch kein ›Apparat‹ für die Verfolgung von Einzel- oder Gruppeninteressen sei (instrumentale Staatsauffassung), sondern eine eigengeartete Erscheinung, deren Würde und Wert in der Verkörperung einer überindividuellen Staatsidee begündet« sei. Angesichts der Erschütterung dieser Anschauung bedürfe es »der Weisheit der Führenden und der Einsicht der Geführten, um das Bewußtsein für Wert und Würde des Staates wiederherzustellen« [28].

Noch hier haben wir eine recht bezeichnende Verallgemeinerung von spezifisch deutschen, im 19. Jahrhundert unter dem Idealismus und der Romantik entfalteten Vorstellungen vor uns. Es war eine zeitgeschichtlich bedingte Projektion, der deutschen Kleinstaaterei den einheitlichen Staat gegenüberzustellen als neutrales Überwesen jenseits der gesellschaftlichen und politischen Parteiungen und Zerspaltungen. Der Versuch, dem die Anstrengungen der letzten 150 Jahre galten, führte von den Fiktionen des wilhelminischen Systems in die Katastrophe der Weimarer Republik. Sowenig eine Staatsformenlehre mit dem antiken Schema Monarchie–Aristokratie–Demokratie auf die modernen politischen Systeme anwendbar erscheint und so deutlich die gemischte Verfassung schon seit *Polybios* und dem römischen Herrschaftssystem, seit *Montesquieu* und in den Demokratien der englischen Monarchie oder des amerikanischen Präsidialsystems bestimmend war, so verschiedene Realitäten und so viel Fiktion, Verschleierung, Ideologie enthielt die Vorstellung von dem überpolitischen, übergesellschaftlichen Staat, ob sie nun philosophisch, historisch oder juristisch begründet wurde. Je entschiedener sie sich über die bloß praktische, instrumentale Staatsauffassung besonders englisch-amerikanischer Prägung erhob, desto mehr schwächte sie jene Ansätze eines demokratischen Staatsverständnisses, die einige Wurzeln auch in der älteren deutschen Tradition besitzt [29], wenngleich man eher rechtsstaatliches als demokratisches Denken im aufgeklärten Absolutismus findet. Dies gilt auch für *Robert von Mohl, Rudolf Gneist* und *Lorenz von Stein:* demokratische Gedanken dringen »auf dem Vehikel rechtsstaatlicher Vorstellungen« durch [30]. Aber zumal in der politischen Geschichtsschreibung seit 1848 werden sie überlagert vom Machtstaatsgedanken, während auch der Rechtsstaatsbegriff juristisch mehr und mehr formalisiert und ausgehöhlt wurde. Er konnte in der Folge leicht mit autoritärem und nationalistischem Inhalt gefüllt werden: vom monarchischen Obrigkeitsstaat zum Notverordnungsstaat *Papens* und *Hitlers*.

[27] Dazu kritisch schon *Georg Jellinek:* Staatslehre, 5. Aufl. 1929, S. 129 ff.; *Otto Brunner:* Land und Herrschaft, 4. Aufl. 1959, S. 111 ff.; 146 ff.; *Rudolf Smend:* Art. »Staat«, in: Ev. Kirchenlexikon Bd. 3, Sp. 1107.

[28] Art. »Staat«, Bd. 11 Wiesbaden 1957, S. 140; *Herbert Krüger:* Allgemeine Staatslehre, Stuttgart 1964, S. 196, 629, 988; dazu O. *H. v. d. Gablentz:* »Der Staat als Mythos und Wirklichkeit«, in: PVS 7 (1966), S. 138 ff.

[29] So besonders betont *H. Maier:* Probleme, a.a.O., S. 395 ff. (mit der Literatur).

[30] *H. U. Scupin,* a.a.O., S. 326 ff.; vgl. Erich Angermann: Robert von Mohl, Neuwied 1962, S. 107 ff.; *Gottfried Dietze:* »Rechtsstaat und Staatsrecht«, in: Die moderne Demokratie und ihr Recht (Festschrift für *Gerhard Leibholz*), Bd. II, Tübingen 1966, S. 22 ff.

Gewiß, es gibt viele zeitgeschichtliche Rechtfertigungsgründe für die deutsche Option im 19. Jahrhundert. Aber zugleich war diese Option für einen Staat über und jenseits der Gesellschaft eine Selbsttäuschung, benutzt und mißbraucht von den Gegnern der Demokratie, von Reaktionären und Autoritären. Wir begegnen ihr wieder in jenem antidemokratischen Denken der Weimarer Republik, für das der Staat über den Parteien und über dem Zwischenspiel der Demokratie als Garant der Kontinuität und Ordnung thronte. Wohl war hier erstmals versucht, in Verfassung und äußerer Struktur die Kluft zwischen Staat und Demokratie zu überbrücken. Aber wie in der Kontinuität des Staatsapparats und des politischen Denkens die Verwirklichung der Demokratie auf halbem Wege stehenblieb, so dominierte auch künftig weithin der Staatsbegriff der Vorkriegs- und Kriegszeit, nun ohne monarchische Form, der parlaments- und parteienstaatlichen Demokratie konfrontiert, über sie hinausdrängend.
Weit auseinander klafften Intention und Realität der demokratischen Neuordnung einerseits, eine auch über die Revolution hinaus zäh festgehaltene Staatsideologie anderseits. Zwar war der institutionelle Rahmen verändert, aber kaum verändert bestand jene Konfrontierung von Staat und Gesellschaft, Staat und Demokratie fort, mit der die halb konstitutionelle, halb obrigkeitliche Staatstheorie der Vorkriegszeit im Angesicht des raschen soziopolitischen Wandels dogmatisiert und ideologisiert worden war. *Martin Drath* hat erst kürzlich wieder dargelegt, wie diese Staatstheorie auch nach der Leistung von *Georg Jellinek* es versäumte, den Staat »aus der Totalität des gesellschaftlichen Lebens« im Rahmen einer Theorie des sozialen Lebens zu begreifen, wie Jellinek es gefordert hatte. Das lag teils an dem geringen sozialwissenschaftlichen Interesse der zum *Status-quo*-Denken erzogenen Juristen, es lag wesentlich aber auch an dem politisch-konservativen Hintergrund einer betont unpolitischen Betrachtungsweise. In *Draths* Worten: »So werden Lehrbestände überliefert und schließlich dogmatisiert und können zum Inhalt einer praktisch-politischen Staatsidee und sogar einer dogmatischen Staatsphilosophie gemacht werden. Besonders leicht geschieht das, wenn sie zur Argumentation für oder gegen wichtige konkrete soziale und politische Erscheinungen oder Postulate geeignet sind, die das Denken zur Ausbildung oder Anwendung von Wertvorstellungen und zur systematischen Begründung mehr oder minder prinzipieller Stellungnahmen, fester Haltungen herausfordern.« [31]
Solche »Verwandlung von Theorie in Rechtfertigungsideologie pro vel contra« ist in der Tat besonders bezeichnend für Perioden »rapiden gesellschaftlichen Wandels mit bedeutenden sozialen Verschiebungen« [32]. Der Schutz des Kaiserreichs in den sozialen und politischen Konflikten der sich rasch wandelnden Industriegesellschaft erschien als *die* Aufgabe des Staates, der damit in seiner bestehenden Struktur und Bestimmung verbindlich gerechtfertigt war. Darin besaß der juristische Positivismus seinen Rückhalt, nun konnte er sich vermeintlich ›unpolitisch‹ ganz dem Geschäft der Auslegung und Anwendung der Staatsregeln widmen. Nun geschah es, daß dogmatisch-systematische Verkürzungen ein Eigenleben gewannen »und in ihren für die praktische

---

[31] *Martin Drath:* »Über eine kohärente soziokulturelle Theorie des Staats und des Rechts«, in: Die moderne Demokratie und ihr Recht, a.a.O., Bd. I, S. 36.
[32] Ebenda.

Handhabung vereinfachenden Vorstellungen vom ›Staatswillen‹, von der ›Staatspersönlichkeit‹, den ›Organen‹ usw. als eine gesonderte Erfassung des Staates gedeutet« und
»in das Schema eines Organismus« gepreßt wurden [33]. Aber darüber hinaus zeigt *Drath*
auch, wie diese Staatstheorie den damaligen »staatstragenden Schichten« dienstbar gemacht und damit einer dem politisch-sozialen Wandel entsprechenden Demokratisierung entgegengesetzt werden konnte, wie sie zur »Staatstheorie der Herrschenden,
zu einer *allgemeinen* Untermauerung der bestehenden Ordnung in Staat und Gesellschaft werden« konnte, »also zu einer Ideologisierung der konstitutionellen Monarchie
der besonderen deutschen Ausprägung, des von ihr bestimmten Staates und der hierdurch weitgehend bestimmten Gesellschaftsordnung« [34].

Was hier am Beispiel des Kaiserreichs und in der Auswirkung auf Weimar beobachtet
ist, trifft in gewissem Maße schon auf die Verfestigung eines konservierten und konservierenden Staatsgedankens vor 1870 und 1848 zu. Er wird als Abwehr und Gegengewicht zur sozialen Wirklichkeit, als Bastion in der ungeregelten Dynamik demokratischer Emanzipationsbestrebungen verstanden und verteidigt. Indem mit der Rechtsstaatsidee ein Teil der liberalen Forderungen übernommen, das Schutzbedürfnis des
bürgerlichen Liberalismus befriedigt und zugleich gegen die realdemokratische Bewegung gewendet wird, verschärft sich in der folgenschweren Spaltung von Liberalismus
und Demokratie noch die Kluft zwischen politischer und gesellschaftlicher Verfassung.
Auch dies war ein spezifisch deutsches Phänomen. In England und Amerika, selbst in
Frankreich, Italien ist es zu einer solchen Spaltung nicht gekommen.

Aber nicht nur unter der Monarchie blieb diese ideologisch überhöhte, juristisch elaborierte Staatstheorie bestimmend. Wie sie nach dem Verschwinden einer liberalen Politiklehre von den Universitäten seit der Jahrhundertmitte eine Monopolstellung errang,
so hat sie auch den Zusammenbruch der Monarchie, in manchen Köpfen selbst das Ende
des *Hitler*staates überlebt. Ihr Kerngedanke war und blieb, was immer die unpolitischen
und politischen Motive sein mochten, das Axiom einer Ordnung und Obrigkeit, die den
Konflikten und Schwankungen des sozio-politischen Lebens entzogen war, die zuverlässig funktionierte, gegen Wechsel und Umwälzung schützte: Gegengewicht gegen die
demokratische Dynamik einer sich öffnenden Gesellschaft, Garant der Herrschafts-,
Leistungs- und (wie bei *Carl Schmitt*) Entscheidungsfähigkeit der Regierung gegen die
Gefahren des Pluralismus und der Polykratie. Für Theoretiker wie Carl Schmitt mußte
der Staat nicht nur dies sein: da die alte theistisch-transzendente Legitimierung seit
dem letzten Versuch von *Friedrich Julius Stahl* [35] irreparabel zerbrochen war, eine
demokratische Legitimierung ihm aber nicht tragfähig stabil und tief genug erschien,
erklärte *Schmitt* schon in frühen Schriften den modernen Staat nur als lebensfähig,
wenn er über den Ausnahmezustand verfügend auf eine mögliche Diktatur gegründet

---

[33] *Ulrich Scheuner:* »Das Wesen des Staates und der Begriff des Politischen in der neueren
Staatslehre«, in: Staatsverfassung und Kirchenordnung, a.a.O., S. 249 f.
[34] *Drath,* a.a.O., S. 39.
[35] Dazu grundlegend *Dieter Grosser:* Grundlagen und Struktur der Staatslehre Friedrich Julius
Stahls, Köln–Opladen 1963, S. 62 ff.

sei [36]. Er wird damit der Demokratie zugleich entgegengesetzt und übergeordnet, an die
Stelle der monarchischen tritt die dezisionistische Begründung des Staates, *Hobbes* und
Donoso Cortes werden als die Klassiker in Anspruch genommen: ob nun zu Recht oder
nicht, bleibt der kunstvoll selektiven Interpretation *Schmitts* und seiner Schüler über-
lassen.

Kurt Sontheimer und andere haben im einzelnen nachgewiesen, in welchem Maße auch
neben *Carl Schmitt*, wenngleich ohne seine radikalen Konsequenzen, die Staatslehre der
Weimarer Republik nichtdemokratisch oder antidemokratisch geprägt war [37]. Sie war
es meist nicht im Sinne offener Kampfansage, sondern indem das Neue ausgeklammert,
für extrakonstitutionell erklärt, in seiner Legitimität bezweifelt, als bloßes Produkt
der Niederlage und transitorisches Intermezzo behandelt wurde. Und indem weiterhin
die Idee des Staates der Realität der Parteipolitik, parlamentarischer Regierung, plura-
listischer Demokratie gegenübergestellt oder übergeordnet wurde. Etwas Neues kam
hinzu. Während unter der Monarchie dieser Staatsbegriff noch die Position einer Sank-
tionierung bestehender Machtstrukturen besaß, nahm er nun den Charakter und die
Funktion einer Gegenideologie an, die großartig historisch, philosophisch, moralisch
begründet, gegenüber der kurzatmigen, verwirrend krisenreichen, als »schmutzig«
denunzierten Tagespolitik demokratischer Art auftrat. Ihre Kraft und ihren Einfluß zog
sie freilich aus der engen Verbindung mit den Säulen der vordemokratischen, obrigkeitsstaatlichen Herrschaftsordnung, die weder die halbe Revolution noch die neue
Verfassung zu beseitigen vermocht hatte.
Die improvisierte Republik von 1918, deren Kompromißmischung von Altem und
Neuem schon *Franz Neumann, Arthur Rosenberg, Theodor Eschenburg* so plastisch
dargestellt haben [38], vermochte diese Kontinuität im Staatsapparat, in der Reichswehr,
in Wirtschaft und Bildung nicht in eine grundlegende Neuordnung des Verhältnisses
von Staat, Gesellschaft und Demokratie zu integrieren. Ob die Hinnahme der personel-
len und institutionellen Kontinuität geschichtlich wirklich so unausweichlich war, wie
angenommen wurde – das muß zumal seit der von *Kolb* und *Oertzen* neu belebten Diskussion um das Räteproblem und seit *Wolfgang Sauers* Forschungen zum Bündnis
Groener-Ebert als ebenso fraglich gelten wie die übliche Reduzierung der Weimarer
Situation auf die bloße Alternative: halbe Demokratie oder Bolschewismus [39]. Wie die

---

[36] *Carl Schmitt:* »Soziologie des Souveränitätsbegriffes und politische Theologie«, in: Haupt-
probleme der Soziologie, Erinnerungsgabe für *Max Weber*, Bd. II, München–Leipzig 1923, S. 35.
[37] *Kurt Sontheimer:* Antidemokratisches Denken in der Weimarer Republik, München 1962,
S. 79 ff.; S. 240 ff.; ders.: Politische Wissenschaft und Staatsrechtslehre, Freiburg/Br. 1963,
S. 20 ff. Vgl. jetzt auch *Felix Gilbert:* "Political Power and Academic Responsibility", in: The
Responsibility of Power, Historical Essays in Honor of *Hajo Holborn* (Ed. *L. Krieger* and
F. Stern), New York 1967, S. 402 ff.
[38] Zusammenfassend *K. D. Bracher:* Die Auflösung der Weimarer Republik, 4. Aufl., Villingen
1964, S. 15 ff.
[39] Grundlegend die Forschungen von *Eberhard Kolb* (Die Arbeiterräte in der deutschen Innenpolitik 1918–1919, Düsseldorf 1962), *Peter v. Oertzen* (Betriebsräte in der Novemberrevolution,
Düsseldorf 1963), *Wolfgang Sauer* (Das Bündnis Groener-Ebert, Diss. Berlin 1956). Jetzt auch
Wolfgang Elben: Das Problem der Kontinuität in der deutschen Revolution, Düsseldorf 1965,
und *Wolfgang Ruge:* Politik und Beamtentum im Parteienstaat, Stuttgart 1965. Vgl. den kriti-

Entscheidung in jenen stürmischen Monaten nun einmal gefallen war, gab sie der Idee eines Staates über der Demokratie die konkretesten Ansatzpunkte: in der unabhängigen, angeblich unpolitischen Stellung der Militärs, die *Seeckt* freimütig in die Anschauung vom Reich und Staat jenseits der demokratischen Republik faßte; in dem distanzierten bis ablehnenden Sonderbewußtsein von Bürokratie und Justiz, die sich weithin als Wahrer *des* Staates gegenüber demokratischer Politik verstanden, freilich gut vorrepublikanisch Überparteilichkeit mit konservativ-nationaler Ideologie gleichsetzten, in der Anfälligkeit des Bürgertums für Dolchstoßlegenden und Revisionismus, die von den politischen Ursachen und Folgerungen der Niederlage ablenkten.

Schließlich fand die staatsrestaurative Gegenideologie einen starken Ansatzpunkt sogar an der Spitze der Republik, in der Stellung und Funktion des Reichspräsidenten. In perfektionistischem Streben nach einer Synthese englisch-amerikanischer und französischer Regierungsformen, dem auch *Hugo Preuss* und *Max Weber* erlagen, wurde der Reichspräsident zum diktaturgewaltigen Gegengewicht gegen die Parlamentsdemokratie erhoben; nur zu leicht mochte er als ›Ersatzkaiser‹ verstanden und zum Hebel antiparlamentarischer, staatsautoritärer Bestrebungen werden. Wenn eine vorrepublikanische Symbolfigur wie *Hindenburg* in eine solche Position einziehen konnte, bestand die stete Gefahr eines Rückfalls in die Konzeption nichtdemokratischer Staatspolitik, ausgespielt gegen ›bloße‹ Parteipolitik. Auf die bekannt verhängnisvolle Rolle des Art. 48 in Verbindung mit dem Ernennungs-, Entlassungs- und Auflösungsrecht in den Händen eines solchen Präsidenten ist hier nur hinzuweisen. Die noch schwache Gewöhnung an Demokratie, ihre praktische Einübung war ständig gefährdet durch die verführerische Möglichkeit, den ›dolus eventualis‹ einer Präsidialdiktatur [40]: die vorzeitige Resignation vor der Aufgabe parlamentarischer Regierungsbildung ist dadurch beschleunigt worden. *Carl Schmitt*, aber auch viele andere Propagandisten der autoritären Staatslösung haben schon 1923 wie dann nach 1929 die Gelegenheit nicht versäumt, aus der Diktaturgewalt des Reichspräsidenten auch verfassungspolitisch die Beschränkung der Demokratie vor dem Staat herzuleiten, schließlich ihre Zerstörung zu rechtfertigen. Bürokratie, Reichswehr, Wirtschaft, Pofessoren, je von ihren Interessen her Träger der vor- oder antidemokratischen Staatsideologie, haben ihnen dabei sekundiert.

Die Position der meisten Demokraten, ohnehin eine Minderheit, war in sich unsicher, schwankend zwischen klarer Option und der Hemmung, auf den tradierten Staatsbegriff vollends zu verzichten. Das galt durchaus auch für die bürgerlichen Mittelparteien einschließlich der Schlüsselpartei des Zentrums, wie *Rudolf Morsey* jetzt nachgewiesen hat [41]. Der Rückgriff auf 1848 mißlang, aus dem Scheitern ließ sich wenig Kraft ziehen [42]. Die Republik war aus einer Niederlage geboren: auch Vernunftrepublikaner wie *Troeltsch* oder *Meinecke* suchten von der Tradition mehr zu retten, als zu retten

---

schen Sammelbericht von *Udo Bermbach:* »Das Scheitern des Rätesystems und der Demokratisierung der Bürokratie 1918/19«, in: PVS 8 (1967), S. 445 ff.

[40] So treffend *Karl Loewenstein:* »Der Staatspräsident«, in: Beiträge zur Staatssoziologie, Tübingen 1961, S. 388; vgl. *K. D. Bracher:* Deutschland, a.a.O., S. 35 ff.

[41] *Rudolf Morsey:* Die deutsche Zentrumspartei 1917–1923, Düsseldorf 1966, S. 607 ff.

[42] Vgl. *Scupin,* a.a.O., S. 326.

war. Politik- und Demokratielehre fanden kaum Eingang in Schule oder Universität, mit der Republik fiel auch das fruchtbare Experiment der Deutschen Hochschule für Politik in Berlin, an der so viele unserer älteren Kollegen hier und jenseits des Atlantik lehrten. Im übrigen: auch betont republikanische Interpreten der Weimarer Verfassung wie *Anschütz* oder *Radbruch* verharrten in einer positivistischen oder relativistischen Demokratie-Auffassung. Sie hatten der massiven Gegenfront der Staatsideologen, der deutsch-nationalen Historiker und Juristen meist keinen substantiellen Demokratiebegriff – Demokratie als politische Lebensform – entgegenzusetzen. Die Staatsrechtslehre hatte sich weithin gewöhnt, in demokratischen Institutionen bloße Mechanismen zur Willensbildung des Volkes unter dem Gesichtspunkt des Staates zu sehen. Sie war nun bereit, bei Wahrung der vorgeschriebenen Form jede Änderung des Verfassungsinhalts auch in der Demokratie für möglich zu halten. Als Außenseiter abgestempelt wurden militante Demokraten und Pioniere unserer Disziplin wie *Hermann Heller*, der sich noch im Prozeß Preußen contra Reich 1932 leidenschaftlich erbittert über »das Verhältnis gewisser Staatsrechtler zur gegenwärtigen Reichsverfassung« äußerte: man habe Böcke zu Gärtnern gemacht [43].

Ein teils formalistisches, teils im Verhältnis zum Herrschafts- und Staatsbegriff unsicheres Demokratieverständnis hat auch die Bemühungen behindert, mit denen führende Köpfe der Sozial- und Staatswissenschaften den neuen Verhältnissen gerecht zu werden suchten. Ich greife ein positives Beispiel heraus. In der Erinnerungsgabe für *Max Weber* hat *Richard Thoma* den »Begriff der modernen Demokratie in seinem Verhältnis zum Staatsbegriff« aus der zeitgeschichtlichen Einsicht bestimmt, Demokratie sei die »gegenwärtig vorwiegende Form staatlicher Herrschaftsbildung«, obgleich sie doch – und hierin sah er das Hauptproblem – »Genossenschaft« im Gegensatz zu Herrschaft zu postulieren scheine. Nach Unterscheidung zwischen radikal-egalitärem und liberalem Demokratismus, zwischen einem juristischen, realistischen und soziologischen Staatsbegriff bestimmte *Thoma* den Staat »als einen Volksverband ... und als eine juristische Person, in der normativ alles, was als Herrschaft erscheint, nur Handhabung übertragener Organkompetenz ist. In der also allein die Staatspersönlichkeit selber herrschen soll, was in der Demokratie sogar verhältnismäßig weniger fiktiv ist als in jeder anderen Staatsform.« [44] Thoma wendet sich mithin zwar gegen eine soziologische Auflösung des Staates, wie er sie im Marxismus und auch bei *Max Weber* impliziert findet; er bestreitet anderseits aber sehr überzeugend auch die Gegenüberstellung von Demokratie und Staat, die Unterordnung von Demokratie als Genossenschaft unter Staat als Herrschaft.

Wenn er Demokratie als »Herrschaft durch Mehrheitsentscheidung« anerkannte, so lag für *Thoma* wie für *Max Weber* ihr eigentliches Problem als Staat in der Stellung

---

[43] Preußen contra Reich, Berlin 1933, S. 470. Ein Jahr später starb *Heller*, erst 42jährig, in der spanischen Emigration; kurz vorher ließ er noch seinen Kontrahenten *Carl Schmitt*, der nun zum Preußischen Staatsrat avanciert war, per Postkarte bitter-ironisch wissen: »Zu der so überaus wohlverdienten Ehrung durch Herrn Minister Göring beglückwünscht Sie Hermann Heller«. Vgl. *Klaus Meyer* in: PVS 8 (1967), S. 293 ff.

[44] *Richard Thoma:* »Der Begriff der modernen Demokratie in seinem Verhältnis zum Staatsbegriff«, in: Hauptprobleme, a.a.O., S. 567.

und im Gewicht des « *corps intermédiaire* », des »*Verwaltungsstabes*« im weitesten Sinne [45], der sich kraft Stabilität, Lebenslänglichkeit und Pflichtgebot recht eigentlich als Staat empfindet inmitten und gegenüber der sozialen und politischen Dynamik der Demokratie. Auch der Umbau von 1918 hatte bewiesen – wie später die fast reibungslose Gleichschaltung von 1933 –, in welchem Maße mit der Fügsamkeit, dem »Einschnappen« *(Max Weber)* des Verwaltungsstabes auf veränderte Herrschaftsverhältnisse gerechnet werden konnte. Er verkörpert für den Bürger den Staat in seiner Kontinuität; in seinen Händen sieht Max Weber »die wirkliche Herrschaft, welche sich ja weder in parlamentarischen Reden noch in Enunziationen von Monarchen, sondern in der Handhabung der Verwaltung im Alltagsleben auswirkt« [46]. Hier aber, wo Integration in die Demokratie unabdingbar sein mußte, wird die Staatsideologie am entschiedensten gepflegt und in Anspruch genommen.

Für die Weimarer Republik und ihren pseudolegalen Übergang zum nationalsozialistischen Staat wurde es von verhängnisvoller Bedeutung, daß ein vermeintlich unpolitischer Kontinuitäts- und Ordnungsbegriff Kern eines Staatsverständnisses blieb, für das beste Politik gute Verwaltung war. Einer Demokratisierung des Staatsgedankens, der Anerkennung des Parteienstaats und der Parlamentsdemokratie wirkte noch immer der Anspruch der Überparteilichkeit entgegen – nach dem bekannten Wort *Gustav Radbruchs* »die Lebenslüge des Obrigkeitsstaates«. Um so hilfloser oder auch illusionswilliger stand ein vor- und ademokratisches Staatsverständnis dann vor dem radikalen Herrschaftsanspruch einer Parteidiktatur, die den totalen Staat proklamierte, in Wahrheit aber den Staat der formalen Scheinordnung einer willkürlichen Parteidiktatur unterwarf. Welche Irreführungen auch hier noch die Staatsideologie, ja der Rechtsstaatsbegriff, ermöglichte, zeigte *Carl Schmitts* Vorschlag, das *Hitler*regime einen »staatsbetonten Rechtsstaat« zu nennen, musterhafter als die meisten andern Länder der Erde. Ähnlich tönten Staatsrechtler wie *Helfritz* und *Koellreuther*, bis schließlich *Hans Frank* kurzerhand den »deutschen Rechtsstaat Adolf Hitlers« proklamierte [47].

Es kann hier nicht auf die Fülle von einschlägigen Namen und Gruppen, von sozialen Daten und politischen Ereigniszusammenhängen eingegangen werden, die dem antidemokratischen Staatsverständnis Rückhalt und Macht verliehen. Wohl am stärksten klang die Posaune *Oswald Spenglers*: die Demokratisierung als Verfall des modernen Staates. Sie übertönte nicht nur jeden konsequenten Versuch, die Republik als Demokratie vom alten Staatsbegriff zu lösen. Unterlegen blieb auch eine so staatsbewußte Einsicht wie die *Richard Thomas*, daß der alte autoritär-obrigkeitliche Staatsbegriff den Anspruch auf Einheit und Überparteilichkeit unter den modernen sozialen und politischen Verhältnissen gar nicht erfüllen, daß »der Privilegienstaat die sozialen Spannungen nicht mehr meistern könne«, daß vielmehr »die Demokratisierung mit ihrem Gleichheits- und Mehrheitsprinzip die heutige Methode der ›Domestikation der Massen‹, also die der Gegenwart adäquatere Form des Staates, also seine Rettung und

---

[45] Ebenda, S. 58 f.
[46] *Max Weber:* Politische Schriften, 1920, S. 139.
[47] Nachweise bei *G. Dietze*, a.a.O., S. 37 f; vgl. *Bracher, Sauer, Schulz:* Die nationalsozialistische Machtergreifung, 2. Aufl., Köln–Opladen 1962, S. 174 f., 516 ff.

Konservierung« [48] sei. Lieber überließe man sich den antidemokratischen Versprechungen der Deutschnationalen und Nationalsozialisten, als eine Rettung des Staates mit der Anerkennung der Demokratie erkaufen zu müssen.

IV.

Wo stehen wir heute? Zunächst finden wir uns vor zwei Schlagworten, mit denen viele politische Reden und Leitartikel unserer Tage immer ungeduldiger fordern: mehr Nationalbewußtsein, mehr Staatsgesinnung [49]. Darin steckt zugleich der Vorwurf, offen ausgesprochen von vielen konservativen Kritikern unserer Nachkriegsentwicklung, daß die deutschen Sozialwissenschaften von der Zeitgeschichte bis hin zur Politischen Wissenschaft sich in »zersetzender« Analyse der traditionellen Werte von Staat und Nation erschöpft hätten. Ein Staatsideologe wie *Ernst Forsthoff*, einst Autor des »totalen Staates« (1933), geht heute so weit zu behaupten, die in den westlichen Staaten so heftig propagierten *political sciences* seien »ein gewisses Gegenstück« zu den kommunistischen Gesellschaftslehren mit ihrer Zerstörung herkömmlicher Staatlichkeit [50].

Das heißt nicht nur den Einfluß unserer Wissenschaft auf die Politik überschätzen, sondern vor allem die Beweislast von den Tatsachen auf die Analytiker verschieben. Was ist mit Nation und mit Staat gemeint, wie überhaupt sind diese Begriffe auf die zweite deutsche Demokratie noch anwendbar, und in welchem Sinn- und Rangverhältnis stehen sie zueinander? Da ist einmal die zeitgeschichtliche und außenpolitische Tatsache der Zerschlagung des Staates von 1871, eines Staates, der nach dem deutschen Nationsbegriff ohnehin unvollständig war. Sie forderte nach den Erfahrungen der Weimarer und *Hitler*zeit zu einer innenpolitischen Neubestimmung des nationalen Staatsbegriffs heraus [51]. Dies ist freilich auch im parlamentarischen Rat und im Grundgesetz nicht so eindeutig erfolgt, als daß nicht recht verschiedenartige Interpretationen möglich wurden. Sie reichen von der demokratischen und sozialen Bestimmung der Bundesrepublik über betont liberale Begründungen bis hin zu den staatstraditionalistischen Thesen, mit denen etwa *Herbert Krüger* den Obrigkeitsstaat wiedererstehen läßt [52] oder *Werner Weber* den Beamtenstaat zum Maßstab seiner Kritik macht, um mit düsteren Worten die Zerteilung des Staates unter politisch-gesellschaftliche Teilmächte zu beklagen [53].

Tatsächlich erscheint das Grundgesetz selbst in erster Linie auf den substantiellen Gedanken der freiheitlichen, pluralistischen Demokratie, nicht auf einen abstrakten Staats-

---

[48] *R. Thoma*, a.a.O., S. 61.
[49] Vgl. z. B. die Äußerungen von *F. J. Strauß* und anderen führenden Politikern in: Der Stern, Heft 1, 1967.
[50] *Ernst Forsthoff:* Rechtsstaat im Wandel, Stuttgart 1964, S. 61, 77.
[51] Dazu nach wie vor besonders *Karl Jaspers:* Freiheit und Wiedervereinigung, Stuttgart 1959.
[52] Treffend *v. d. Gablentz:* Der Staat, a.a.O., vgl. *Karl Schultes:* "German Politics and political Theory", in: The Political Quarterly 28 (1957), S. 40 ff.
[53] *Werner Weber:* Das Berufsbeamtentum im demokratischen Rechtsstaat, 1952, S. 11.

begriff gegründet. Aber gleichzeitig bleibt die Terminologie der Verfassung doch ambivalent, das Verhältnis von Demokratie- und Staatsverständnis hier und da in der Schwebe, mag man auch darin den Ausdruck einer Wechselbedingtheit von Demokratie (politisch) und Rechtsstaat (institutionell) sehen [54]. Das gilt auch für den Demokratiebegriff selbst und für die wohl allzu vereinfachende Konfrontation von repräsentativer und plebiszitärer Form [55]. Es kann hier nur um ein sorgfältig abgewogenes Sowohl-Als-Auch, nicht um ein dogmatisches Entweder-Oder gehen, um ein Abwägen von gesellschaftlicher Wirklichkeit und institutioneller Zweckmäßigkeit. Am Schluß seiner Studie über den problematischen Typus der Proporzdemokratie, für den es jetzt auch bei uns im Rahmen der großen Koalition einige Chancen geben mag, warnt *Gerhard Lehmbruch* mit Recht vor jeder »kurzschlüssigen Normativsetzung eines bestimmten Typus«, auch des englisch-amerikanischen [56].

Nicht zuletzt spiegeln die verfassungspolitischen Kontroversen die Pluralität der Wertvorstellungen wider, mit denen die aus verschiedenen Lagern kommenden Schöpfer des GG Staatstraditionalismus und Demokratiebekenntnis in einem Kompromiß zu verbinden suchten. Bund und Länder mit primär demokratiebezogener Funktion, demokratische Grundordnung und Grundrechte sind Schlüsselworte des GG, gleichzeitig ist die Rede von staatlicher Ordnung zum Schutz des Einzelnen (Art. 1), der Ehe und Familie (Art. 6), im Schulwesen (Art. 7), von der Staatsgewalt als Ausfluß der Volkssouveränität (Art. 20) usw. Wohl kann man darauf verweisen, daß in den fundamentalen Bestimmungen über Grundrechte oder Parteienverbot die Demokratie, nicht der Staat, zum Maßstab erhoben ist [57]. Doch bald zeigte sich eine Tendenz, zumal seit dem Koreakrieg und der Wiederbewaffnung, Auslegung und Ausführung der Bestimmungen zum Schutze der Demokratie wie auch im politischen Strafrecht zugleich wesentlich am Gedanken des Staatsschutzes und der Staatssicherheit zu orientieren. Man mag sich daran erinnern, wie der Gedanke des Republikschutzes in der Weimarer Republik zum bloßen Staats- und Autoritätsschutz verändert wurde. *Gotthard Jasper* hat eindringlich nachgewiesen, daß dort ein Zuviel an Staatsgesinnung und ein Zuwenig am Verfassungsbewußtsein am Werk war [58].

Diese Akzentverschiebung machen jetzt auch die Kontroversen um die Notstandsgesetzgebung und ihre verfassungspolitischen Implikationen deutlich. Sie zeigen, in welchem Ausmaß selbst unter den veränderten Verhältnissen des GG die Spannungen zwischen demokratie- und staatsorientiertem Politikverständnis fortbestehen oder gar sich verschärfen. Zu den wiederkehrenden Ursachen gehört, daß »die unechten Revolutionen von 1918 und 1945/46 den bürokratischen Körper im wesentlichen unangetastet ließen« [59]. Aber vor allem: die Klage über mangelndes National- und Staats-

---

[54] So *Konrad Hesse:* Der Rechtsstaat, a.a.O., S. 93.
[55] Auf sie gründet im Anschluß an *E. Fraenkel* etwa *Wilhelm Hennis* seine Polemik gegen *Gerhard Leibholz:* »Amtsgedanke und Demokratiebegriff«, in: Staatsverfassung a.a.O., S. 66 f.
[56] *Gerhard Lehmbruch:* Proporzdemokratie, Politisches System und politische Kultur in der Schweiz und in Österreich, Tübingen 1967, S. 58.
[57] Zu Recht betont von *Konrad Hesse,* a.a.O., S. 90 f.
[58] *Gotthard Jasper:* Der Schutz der Republik, Tübingen 1963, S. 271.
[59] So *Helmut Ridder:* Art. »Staat«, a.a.O., S. 543.

bewußtsein weicht allzuleicht der Frage nach den historischen Komponenten des deutschen Staatsbegriffs aus. Erst sie schärft den Blick für die konkreten Formen der gegenwärtigen Diskussionen und ihre weitere Bedeutung jenseits der tages- und wahlpolitischen Schlagworte.

Wir haben festgestellt, daß in der Weimarer Republik das Verhältnis zwischen Staat und Demokratie mehr Spannung als Berührung, mehr Konfrontation als Identifikation war. Im Unterschied dazu hat das GG den Staat der Bundesrepublik imperativ und vor allem unveränderlich als freiheitliche demokratische Ordnung, als demokratischen und sozialen Bundesstaat bestimmt. Die Mitwirkung der Parteien ist ausdrücklich unterstrichen, ihre innere Ordnung und Finanzierung wie ihre Zielsetzung an die Demokratie gebunden. Mehr noch, man hat diese Verfassungsordnung als militante, zur Selbsterhaltung entschlossene Demokratie bezeichnet und damit die Bedeutung der neuen Bestimmungen zum Schutz der Demokratie vor antidemokratischen und pseudodemokratischen Bestrebungen hervorgehoben [60].

Aber damit sind die konkreten politischen Probleme, die das Verhältnis über die letzten 150 Jahre so kompliziert und die Entwicklung einer Demokratie in Deutschland so lange belastet haben, nicht einfach verschwunden. Die unsichere Verwendung von Staats- und Demokratiebegriff auch heute weist auf Elemente hin, in denen das alte deutsche Dilemma nachwirkt. Dies kann sich auf die Auslegung der Verfassung und der Gesetze, auf das Demokratieverständnis in Gerichtsbarkeit und Bürokratie, auf das Verhältnis von Staatsverwaltung und Selbstverwaltung problematisch auswirken. Gewiß: Das GG hat zum erstenmal eindeutig die bürgerlichen Freiheitsrechte als Fundamentalrecht verankert und an die Spitze der politischen Ordnung gestellt. Damit und mit der Beseitigung des Dualismus von parlamentarischer und präsidialer Gewalt scheint die problematische Sonderentwicklung des deutschen Staatsproblems nach hundertjährigem Umweg in den Hauptstrom der westlichen Demokratie einzumünden. Manche dort ausstehenden Reformen hat die Bundesrepublik sogar modernisierend und modifizierend vorwegzunehmen versucht. Dazu gehört die alle Demokratien bewegende Problematik der *political finance,* die mit der freilich umstrittenen Parteienfinanzierung angepackt wird. Dahin gehören die lange hingezogenen Bemühungen um ein Parteiengesetz und schließlich auch die Positionsstärkung einer Kanzlerregierung, die freilich eher von Personen als von Verfassungsbestimmungen abhängt, wie die Erfahrungen mit drei Kanzlern nun doch gezeigt haben.

Aber hier tritt auch die Kehrseite einer »militanten Demokratie« hervor: die Präponderanz des Stabilisierungsprinzips, verständlich nach den Erfahrungen von Weimar oder auch der französischen Republiken, aber eben doch mit der Konsequenz einer Verlagerung von den freiheitlich-dynamischen auf staatspolitisch-konservierende Ordnungsvorstellungen. Kritisches Interesse verdient die Bemerkung *Hans Maiers,* die Traditionen der Kanzlerdemokratie lägen im monarchischen Staat des aufgeklärten

---

[60] So *Erwin Stein:* »Rechtliche Sicherung der freiheitlichen Demokratie in der Bundesrepublik Deutschland«, in: Gesellschaft, Staat, Erziehung 7 (1962), S. 78 ff.; vgl. *K. D. Bracher:* Deutschland, a.a.O., S. 113 ff.; *H. Maier:* Probleme, a.a.O., S. 408 ff. (»wehrhafte Demokratie«) im Anschluß an *Hans Peters* und *Hermann Jahrreiß* (Mensch und Staat, 1957, S. 110 f.).

Absolutismus [61]. Jedenfalls kommt darin die in allen westlichen Demokratien zu-
nehmende Tendenz zur Verstärkung von Regierung und Verwaltung, zur Betonung
der herrschaftlichen Elemente der Demokratie zum Ausdruck. Kehrseite ist die Kom-
plizierung der politisch-parlamentarischen Kontrolle. Im englisch-amerikanischen Raum
ist man sich dieser Strukturveränderung sehr viel kritischer bewußt. So ist ihr neuerdings eigens eine wissenschaftliche Zeitschrift – GOVERNMENT AND OPPOSITION – ge-
widmet [62], während in Deutschland die Beschäftigung mit der Opposition, der lange
der Ruch des Staatsfeindes anhaftete, traditionell unbeliebt ist. An der Funktionsfähigkeit der Opposition entscheidet sich aber überhaupt Demokratie.

Von Opposition und Demokratie in diesem Sinn ist besonders wenig die Rede in der
bekannten Zeitschrift, die mit Nachdruck und viel Sympathie für *Carl Schmitt* die
Sache des Staates verficht. Sie ist vor fünf Jahren mit dem Fanfarenstoß ins Leben
getreten, daß »das Verständnis für die politische und rechtliche Bedeutung des Staates
geschwunden, der Staat zerredet worden« sei. Dagegen also diese »Stätte der Staats-
besinnung« [63]. *Graf Krockow* hat sie einer treffenden Ortsbestimmung unterzogen [64].
Er hat dabei auf den schillernden Freiheitsbegriff aufmerksam gemacht, den die Mit-
arbeiter – Juristen, Historiker, Philosophen – ihrem Werk der Staatsrettung zugrunde
legen. Er scheint mir auf die kurze Formel hinauszulaufen: nur der Staat kann die
Freiheit schützen, darum keine Freiheit gegen den Staat. Oder wie es *Forsthoff* aus-
drückt: »Staatsgesinnung als Grundlage der Gehorsamsbereitschaft erwächst nicht aus
der Freiheit. Die Freiheit isoliert den Menschen, sie distanziert ihn vom Staat. Sie kon-
stituiert nichts an überindividueller Ordnung, auch nicht im Ethischen. Sie bringt
keine Staatsgesinnung hervor.« [65] Hier spricht deutsches Sonderbewußtsein mit der
traditionell übersteigerten Sucht nach Originalität gegenüber internationalem Demokratieverständnis kaum verändert vom deutschen Staat an sich. Er ist nicht auf Freiheit,
sondern auf überindividuelle Stärke, Einheit, Leistungseffizienz gestellt, mit der Staatsgesinnung als Überbau. Aus diesem wachsenden Lager stammen denn auch die Theoretiker, die den Verwaltungsstaat als Inbegriff der Politik, seine Ausweitung und Durchsetzung gegenüber einer angeblich ineffizienten Parlamentsdemokratie sogar als Haupt-
anliegen der Politischen Wissenschaft betrachten, um endlich zu deklarieren, nicht auf
die Erziehung der Bürger zur Demokratie und den Ausbau des Parlaments, sondern
auf die Schaffung von Verwaltungskabinetten und Kommandozentralen bei der Regierung komme es an, wie dies *Roman Schnur* als Festredner vor dem Parlament Nord-
rhein-Westfalens getan hat [66].

---

[61] *H. Maier:* Probleme, a.a.O., S. 414; vgl. auch *W. Hennis:* »Aufgaben einer modernen
Regierungslehre«, in: PVS 6 (1965), S. 422 ff.

[62] London 1965 ff.; vgl. ferner die grundlegenden Arbeiten in *Robert A. Dahl* (Ed.): Political
Oppositions in Western Democracies, New Haven 1966, u. *Otto Kirchheimer* »Der Wandel
des westeuropäischen Parteiensystems«, in: PVS 6 (1965), S. 25 ff.

[63] Der Staat (1962), Geleitwort S. 1 f.

[64] *Christian Graf v. Krockow:* »Staatsideologie oder demokratisches Bewußtsein, die deutsche
Alternative«, in: PVS 6 (1965), S. 118 ff.

[65] *E. Forsthoff:* Rechtsstaat, a.a.O., S. 66.

[66] Rede am 3. Okt. 1966, abgedr. FAZ v. 11. 10. 67, S. 13 f.; vgl. die treffende Zuschrift von
Karl J. Newman, FAZ v. 21. 10. 67.

Die Zeichen schrecken, zumal wenn solches im Namen der Politischen Wissenschaft geschieht. Staatsideologie im Sinne der Einheitsgesinnung und des Effizienzdenkens mögen einer kurzatmigen Technik des Regierens und Verhaltens zugute kommen. Aber auf dem deutschen Sonderweg ist dieser überpolitische Staat *ad absurdum* geführt worden. Seine Rechtfertigung stützt sich auf eine höchst selektive Geschichtsbetrachtung; auf die willkürlich interpretierende Aktualisierung vorrevolutionärer und antidemokratischer Staatsphilosophen; auf Verewigung der Trennung von Staat und Gesellschaft, Staat und Demokratie. Dieser Richtung gehören auch die in den Folgerungen so fragwürdigen *Hobbes*-Diskussionen an, mit denen *Roman Schnur, Reinhart Kosselleck* und *Bernard Willms* die *Carl-Schmitt*-Theorien vom absoluten Primat des modernen Staates über alle politischen und gesellschaftlichen Kräfte zum Vorbild auch der Politiktheorie der Gegenwart erheben wollen [67]. Etwas anders operiert *Ernst Rudolf Huber*, der im Rückgriff auf Kategorien des 19. Jahrhunderts an einer einheitlichen Staatsidee festhält und die sich wandelnde Gesellschaft ausklammert, um den Staat auch in die Gegenwart zu retten [68].

Hinter solchen Versuchen, die zunehmend mit gewissen Tendenzen der politischen Rhetorik und Publizistik koinzidieren, steht eine teils reaktionäre, teils bürokratische, unpolitisch-technizistische Auffassung von Politik und Gesellschaft, die Politikwissenschaft auf Staats- und Verwaltungswissenschaft reduziert, in Wahrheit aber auf eine modernisierte Adaption des Obrigkeitsstaats hinausläuft. Weimarer Republik und Nationalsozialismus werden in dieser weitausgreifenden Staatsapologetik noch zumeist ausgeklammert; sie sind im Schema kaum unterzubringen. Das Versagen des intakten Staatsapparats vor der Parteidiktatur 1933 erklärt wohl, aber widerlegt zugleich die wiederbelebte *Schmitt*-Theorie, der Bürger müsse im Interesse friedlicher Ordnung und Freiheit (!) auf politische Kritik und moralisch-geistiges Räsonnement gegen den Staat verzichten und sich dem Inhaber der autoritären Dezisionsgewalt bedingungslos unterwerfen, wolle er nicht in einen »vorstaatlichen Zustand der Unsicherheit« zurückfallen [69]. Hier kommt es primär auf das Funktionieren der »Staatsmaschine« *(Schmitt)*, nicht auf Demokratie an. Diese ist, so muß man schließen, ein innenpolitischer Luxus, der nur unter dem Schirm der »schützenden Schichten« [70] einer überpolitisch, übergesellschaftlich funktionierenden Staatsmacht beschränkt erlaubt sein kann.

Offensichtlich haben sich die Protagonisten dieser Auffassung (die man als einflußreiche Fachvertreter wie als akademische Staatsideologen ernst zu nehmen hat) zwar viel mit Hobbes, aber wenig mit der konkreten politisch-sozialen Wirklichkeit in der Entfaltung der englisch-amerikanischen Demokratien beschäftigt. Die dort praktizierte Auffassung von *government* im integralen Zusammenhang mit Demokratie und Gesellschaft ist denn auch Äonen entfernt von den Postulaten der *Schmitt*-Schule und ihrer Mitläufer.

---

[67] Vgl. die Nachweise bei *Krockow:* Staatsideologie, a.a.O., S. 119 ff.

[68] *Ernst Rudolf Huber:* Nationalstaat und Verfassungsstaat, Stuttgart 1965; vgl. dazu *Udo Bermbach* in: PVS 8 (1967), S. 508.

[69] *Carl Schmitt:* Der Leviathan in der Staatslehre des Thomas Hobbes, Hamburg 1938, S. 69.

[70] *Bernard Willms* in: Der Staat 2 (1963), S. 502 f., wo im Anschluß an *Hobbes* (u. *Carl Schmitt)* »eine Neufundierung der Theorie der ›schützenden Schichten‹ « als »die politiktheoretische Aufgabe schlechthin« (!) bezeichnet wird.

Zumal im deutschen Fall ist Ursache der politischen Krisen der letzten Jahrzehnte nicht die Zerstörung des alten Staates in den bürgerlichen und demokratischen Revolutionen, wie *Koselleck* meint [71], sondern die Restaurierung, Verhärtung und Ideologisierung eines antidemokratischen Staatsbegriffs, der obrigkeitsstaatliche Autorität und ordnungstechnische Effizienz auf Kosten der politischen Modernisierung postulierte.

Im Lichte des von *Otto Kirchheimer* so scharfsinnig skizzierten Niedergangs politischer Opposition sind die Tendenzen zur neuerlichen Lösung des Staatsbegriffs vom Demokratieverständnis doppelt ernst zu nehmen, ob sie nun auf eigenwillige Interpretation des GG oder aber auf die Notwendigkeit tiefgreifender Verfassungsänderungen abheben. Auch das Auftreten der NPD erscheint gefährlich vor allem darin, daß es Symptom und zugleich Auftrieb von tieferliegenden Tendenzen ist. Man hat demgegenüber pointiert gesagt, »daß die nationale Aufgabe in Deutschland in der Anstrengung zur Auflösung dessen besteht, was traditionell unter national verstanden wird« [72]. Nicht anders steht es mit der Entideologisierung eines unpolitischen Staatsbegriffs. Erst dann wird der Blick frei für die konkreten Strukturprobleme der modernen Parlamentsdemokratien. Erst dann wird es möglich, die immer komplizierteren Aufgaben von Regieren und Verwalten, von Koordinierung und Planung, der Balancierung von Sachverstand und Politik [73] durch demokratiegerechte Reformvorschläge zu lösen.

Ich nenne nur stichwortartig die Forderungen: nach *public hearings* und größerer Transparenz des Einflußwesens; nach gemischten Planungsgruppen, Ausbau des Informations- und Beratungswesen; nach Entlastung und zugleich Aktualisierung des parlamentarischen Prozesses; nach Aktivierung des demokratischen Potentials im Föderalismus und in der Selbstverwaltung; nach stärkerer Durchlässigkeit, Mobilität und öffentlicher Verantwortung der Verwaltung, nach Abbau jener hierarchischen Strukturen im politischen und sozialen Leben, die der Einübung und Ausübung demokratischen Verhaltens noch so entschieden entgegenstehen. Und nicht zuletzt geht es um mehr wirkliche Öffentlichkeit des »öffentlichen Lebens« und die Erhaltung einer vielfältigen, freien Presse gegenüber Monopolbildungen, die in der Hand unverantwortlicher Meinungsmacher eine Bedrohung realer Meinungsfreiheit implizieren und Art. 5 GG bedeutungslos machen könnten. Die problematische Formel von der »öffentlichen Aufgabe« der Presse und Kommunikationsmedien hat ihren Sinn nur dann, wenn sie nicht Staatsbejahung meint, sondern eben »Öffentlichkeit«, kritische Durchleuchtung und Teilnahme an der Kontrolle unseres Gemeinwesens.

So geht es, gewiß wie überall, auch nach der Errichtung einer stabileren zweiten Demokratie in Deutschland um die stete weitere Anpassung demokratischer Institutionen und Prozesse an die sich wandelnde soziale Wirklichkeit. Der Übergang von der liberalen Parlaments- zur Parteiendemokratie *(G. Leibholz)* ist nur der augenfälligste Teil dieser Entwicklung. Aber so wie hier, am deutlichsten in der Diskussion um die Parteienfinanzierung, die Gefahren einer Verstaatlichung der politisch-gesellschaft-

---

[71] So besonders in seinem Buch: Kritik und Krise, Freiburg–München 1959.

[72] *Kurt Fackiner*: »Nationalismus als pädagogisches Problem in Deutschland«, in: Beilage zu Das Parlament v. 13. 9. 1967, S. 23.

[73] Vgl. *Ernst-Otto Czempiel:* »Interdependenz und Gemeinwohl«, in: Frankfurter Hefte 18 (1963), S. 101 ff.

lichen Gebilde der Parteien aufgetaucht sind, so wirft überhaupt die in der fortschreitenden Institutionalisierung aller Bereiche liegende Tendenz zu einer »Verstaatlichung der Demokratie« ernstliche Probleme auf. Nicht nur könnten Leerräume außerhalb des verfestigten Systems entstehen, in die sich die ausgesperrte politische Dynamik verlagern, schließlich gegen das System selbst wenden könnte. Die lange »Leidensgeschichte des zivilen Geistes in Deutschland« *(K. Buchheim)* hat uns als Hauptaufgabe nicht die Verstaatlichung der Demokratie, sondern die Demokratisierung des Staates aufgegeben.
Es ist im knappen Rahmen dieses Vortrags nicht mehr möglich, auf die internationale Relativierung des Staatsbegriffs im Rahmen einer interdependenten Weltpolitik einzugehen: »Kein Staat ist heute mehr autark, kein Staat vermag mehr souverän über sein eigenes Schicksal zu entscheiden« [74] – auch nicht im Ausnahmezustand. Wenn die Erhaltung des Friedens über die Durchsetzung nationalstaatlicher Souveränität gestellt wird, so auch aus der Einsicht, daß politisch-ideologische Bindungen nationalstaatliche Loyalitäten transzendieren, wie dies *Gerhard Leibholz* nicht nur im Blick auf das Deutschlandproblem formuliert hat: Die Prinzipien des Nationalstaats besitzen von sich allein aus heute nicht mehr die Kraft, um eine weitgehende europäische Einigung und darüber hinaus der Welt auf politischem Gebiete auf die Dauer zu verhindern [75].
Es war hier auch nicht möglich, die aktuelle Deutschlandfrage und das Staatsproblem der DDR in die Erörterung einzubeziehen. Die immer noch reichlich dogmatischen Erörterungen darüber finden in der DDR, beim Fehlen einer Politischen Wissenschaft, in der offiziellen Zeitschrift STAAT UND RECHT statt. Wenn da proklamiert wird, »daß der Staat als eine spezifische politische Institution allmählich überwunden wird« [76], dann mutet die Utopie vom Ende der Politik fast wie ein Gegenstück zur unpolitischen Staatsideologie an. Aber das Streben der DDR nach staatlicher Anerkennung geht einher mit der allmählich wohl fortschreitenden Entwicklung eines eigenen System- und auch Staatsbewußtseins: nicht ohne Anleihen an einen Traditionalismus, der im schönsten Widerstreit zum Postulat sozialistischer Demokratie steht. Die Bundesrepublik ist auch gegenüber der DDR und ihrem Anspruch als Staat und Demokratie angewiesen auf ihre Glaubwürdigkeit als demokratischer Staat, der ebenso gegen die Verführung der Staatsüberhebung wie der Diktatur gewappnet ist; in der Diskussion über staatliche Anerkennungsfragen tritt dieser Aspekt des Deutschlandproblems allzuhäufig hinter den außenpolitischen Aspekten und Formeln der Wiedervereinigungsthese zurück.
Wenn in diesem Sinne von einem als verbindlich geforderten Staatsethos zu sprechen ist, dann von dem der wertbetonten, substantiellen Demokratie, die aber nicht auf eine bestimmte Weltanschauung begrenzt, sondern verpflichtet ist: den Regeln zur Wahrung der Freiheit und Chancengleichheit, der stets zu erneuernden freien Legitimierung von Parlament und Regierung, »der gleichen Chance der Minderheit, zur Mehrheit zu

---

[74] *Georg Picht:* »Grundlagen eines neuen deutschen Nationalbewußtseins«, in: Merkur 21 (1967), S. 12; gegen den Aufsatz wäre im übrigen viel Kritisches vorzubringen, vor allem gegen die allzu einfache Lösung, verbrauchtes Nationalbewußtsein gegen ein neues Staatsbewußtsein auszutauschen.
[75] *Gerhard Leibholz:* Volk, Nation und Staat im 20. Jahrhundert, 3. Aufl., Hannover 1967, S. 33.
[76] Staat und Recht, 11 (1962), S. 53.

werden, der freien politischen Willensbildung« [77], über allem der Wahrung der demokratischen Grundrechte in ihrer vor- und überstaatlichen Geltung. Verfassungsgerichte sind denn auch an Stelle des Staatsgerichtshofs getreten. Nur auf diesem Fundament, nicht aus den unpolitischen Wurzeln des Staatstraditionalismus oder des Staatsperfektionismus, kann eine neue Tradition allmählich entwickelt werden, die auch mehr ist als ein bloßer Ausgleich von demokratischen und obrigkeitsstaatlichen Elementen [78]. Gewiß wird Demokratie heute nicht als unmittelbare Selbstregierung des Volkes durch das Volk praktiziert. Sie ist Staat insofern, als ihre Funktionsfähigkeit auch mit leistungsfähiger Regierung und Verwaltung verknüpft ist. Aber Demokratie ist im Unterschied zu anderen Systemen nicht zuerst von dieser Seite begründet, die in Deutschland lange im Vorgergrund stand und alle negativen Erfahrungen überdauert hat [79]. Gewiß ist der Begriff des Staatlichen nicht einfach im marxistischen Verständnis als eine Funktion des Ökonomischen zu fassen; aber nur noch als Funktion des vielschichtigeren demokratischen Prozesses ist er heute zu rechtfertigen. Lieber möchte man von *Government* sprechen, insofern dies Parlament und Regierung umfaßt [80]. So ist wohl *Carl Joachim Friedrichs* Bemerkung zu verstehen, daß »in einem strengen Sinne in der Demokratie der Staat nicht existiert« [81]. Ich würde deshalb auch nicht geradezu Regieren und Politik »im üblichen Verständnis als Tätigkeit zur Durchsetzung der staatlichen Zwecke« [82] bezeichnen wollen. Darin scheint mir zu wenig von der »gegenseitigen Durchdringung von Staat und Gesellschaft« [83] und noch zu viel von der Idee des Staates als des Inbegriffs eines doch je erst zu ermittelnden »Gemeinwohls« zu stecken. Und jedenfalls lehren Erfahrung und Anschauung, wie falsch es ist, »vom Staat als Staat, losgelöst von seiner besonderen Regierungsform, zu sprechen« [84].

Noch freilich kann sich eine antipluralistische Staatstradition, tief eingewurzelt und noch immer populär, in Intoleranz und Verächtlichmachung mißliebig-andersdenkender Minderheiten äußern, können sich Meinungsmacher und unaufgeklärte Plebs etwa im Schlagwort von der »zersetzenden Intelligenz« begegnen. Zur Demokratisierung des Staates gehört jener politische Stil, den der Mitgründer unserer Vereinigung, *Theodor Heuss*, so eindringlich beschworen und im Sinne demokratischer Staatsrepräsentation praktiziert hat. Nur dann kann auch heute zu Recht von der »Würde des Staates« gesprochen werden [85]. Demokratischer Stil fordert aber nicht zuletzt von den Regieren-

---

[77] *K. Hesse,* a.a.O. S. 9.
[78] Dies gegen die Schlußfolgerungen von *Hans Maier* (Probleme, a.a.O., S. 415), der im Bemühen um geschichtliche Kontinuität und vorrevolutionäre Anknüpfungspunkte allzuviel von der obrigkeitlichen Tradition in eine deutsche demokratische Tradition einzubeziehen sucht.
[79] Die »notwendige« Wechselbeziehung von Politik und Staat scheint mir zu stark betont bei *Ulrich Scheuner:* Das Wesen des Staates, a.a.O., S. 253, 259.
[80] So auch *H. Ehmke:* Staat und Gesellschaft, a.a.O., S. 49.
[81] *C. J. Friedrich:* Demokratie als Herrschafts- und Lebensform, Heidelberg 1959, S. 22.
[82] *W. Hennis:* Aufgaben, a.a.O., S. 425; die Berufung auf entsprechende Äußerungen (z. B. *Mohls*), die auf anderem Boden gewachsen sind, entgeht nicht der Gefahr einer unhistorischen Reproduktion von Problemstellungen des 19. Jahrhunderts.
[83] *K. Hesse,* a.a.O., S. 79.
[84] *K. Sontheimer:* »Staatsidee und staatliche Wirklichkeit heute«, in: Beilage zu Das Parlament v. 15. 4. 1964, S. 7.
[85] *Theodor Heuss:* Formkräfte einer politischen Stilbildung, Berlin, Bonn 1952; vgl. zu dieser

den, den bei uns sogenannten Vertretern des Staates, daß kritische Stimmen als zum Gemeinwesen gehörig geachtet und nicht am veralteten Staatsbegriff gemessen werden.

Auch diese Fähigkeiten politischen Verhaltens, und nicht nur Fragen der Machtverteilung und Konzeption der politischen Ordnung sind es, die über das Bestehen politischer Krisen entscheiden. Gewiß sind die westlichen Demokratien »nicht nur äußerst komplizierte, sondern auch äußerst labile Gebilde« [86]. Aber ihre Fähigkeit zum Bestehen von Krisen in der inneren wie in der äußeren Politik hat, wie auch schon *Max Weber* 1918 erkennen mußte, die populären Legenden von der größeren Effizienz und Stabilität nichtdemokratischer Staaten widerlegt [87]. Unter den sozialen und politischen Verhältnissen des modernen Staates erfordert die Sicherung von Vertrauen und Macht nicht weniger, sondern mehr Demokratie mit vielschichtiger Partizipation der Bürger, soll nicht mit der Demokratie auch der Staat von der diktaturförmigen Willkür einer Pseudoordnung überwältigt werden. Wer glaubte, das Problem einer Krisensicherung via Notstandsplanung sei durch Suspendierung der Demokratie, der Grundrechte, der parlamentarischen und föderalistischen Struktur zu lösen, der gelangte wieder zu der fatalen Scheidung zwischen einer Demokratie für Schönwetterzeiten und einem transdemokratischen Staat darüber. Unsere historisch-politische Erfahrung lehrt vielmehr, daß jeder Abbau der Demokratie, auch ihre Selbstausschaltung wie 1930/33, zugleich Staatskrise bedeutet [88]. Solche Einsicht und solches Bewußtsein gilt es zu fördern, soll auch hierzulande anstelle einer verbrauchten, mißbrauchten National- und Staatsideologie obrigkeitlicher Prägung ein gesellschaftlich offenes, entschieden demokratisches, nicht länger unpolitisches Staatsverständnis Gemeingut werden. Die kritische, aufklärende Arbeit der Politischen Wissenschaft will dazu ihren Beitrag leisten. Sie ist insofern Wissenschaft *für* die Demokratie.

Thematik auch *Arnd Morkel:* »Über den politischen Stil«, und *Klaus Eckhard Jordan:* »Zur Verwendung des Stilarguments in der BRD«, in: PVS 7 (1966) S. 119 ff., S. 97 ff.; *W. Hennis:* »Zum Begriff und Problem des politischen Stils«, in: Gesellschaft, Staat, Erziehung 9 (1964), S. 225 ff. Zur staatsrechtlichen Seite *Karl Josef Partsch:* Von der Würde des Staates, Tübingen 1967, S. 7 ff.

[86] *Ernst Fraenkel:* »Die Wissenschaft von der Politik und die Gesellschaft«, in: Gesellschaft, Staat, Erziehung 8 (1963), S. 284.

[87] Vgl. *Wolfgang Mommsen:* Max Weber und die deutsche Politik, 1959, S. 273; dazu *Dolf Sternberger:* »Max Webers Lehre von der Legitimität«, in: Macht und Ohnmacht des Politischen (Festschrift *Michael Freund*), Köln 1967, S. 111 ff.

[88] *K. D. Bracher:* »Parlamentarische Demokratie und Notstand«, in: Frankfurter Hefte 20 (1965), S. 699 f.